Bibliografische Information der Deutschen Nationalbibliothek:

Die Deutsche Bibliothek verzeichnet diese Publikation in der Deutschen National-
bibliografie; detaillierte bibliografische Daten sind im Internet über http://dnb.d-
nb.de/ abrufbar.

Impressum:

Copyright © 2018 GRIN Verlag
Druck und Bindung: Books on Demand GmbH, Norderstedt Germany
ISBN: 9783668695764

Peter Stelter

Das akute Nierenversagen und die Konsequenzen für die enterale Ernährung auf der Intensivstation

GRIN Verlag

GRIN - Your knowledge has value

Der GRIN Verlag publiziert seit 1998 wissenschaftliche Arbeiten von Studenten, Hochschullehrern und anderen Akademikern als eBook und gedrucktes Buch. Die Verlagswebsite www.grin.com ist die ideale Plattform zur Veröffentlichung von Hausarbeiten, Abschlussarbeiten, wissenschaftlichen Aufsätzen, Dissertationen und Fachbüchern.

Besuchen Sie uns im Internet:

http://www.grin.com/

http://www.facebook.com/grincom

http://www.twitter.com/grin_com

Das akute Nierenversagen und die Konsequenzen für die enterale Ernährung auf der Intensivstation

Facharbeit im Rahmen der Weiterbildung

Intensivpflege und Anästhesie 2015-2017

Am Centrum für Kommunikation Information Bildung (cekib) des Klinikums Nürnberg

Vorgelegt von:

Peter Stelte

Vorgelegt am:

19.03.2018

INHALTSVERZEICHNIS

1   EINLEITUNG 3

2   VORGEHEN.. 3

3   DAS AKUTE NIERENVERSAGEN UND SEINE AUSWIRKUNGEN 3

      3.1   Definition akutes Nierenversagen 3

      3.2   Der Patient im akuten Nierenversagen 4

      3.3   Ermittlung des Energiebedarfs des Patienten 5

      3.4   Rolle der Pflege 7

4   ENTERALE ERNÄHRUNG IM AKUTEN NIERENVERSAGEN 8

      4.1   Definition enterale Ernährung.. 8

      4.2   Fachwissen und seine Bedeutung 8

      4.3   Indikationen und Kontraindikationen für enterale Ernährung 9

      4.4   Vorteile der enteralen Ernährung 9

      4.5   Der enterale Kostaufbau... 9

      4.6   Produkte und deren Einfluss auf die Ernährung 11

      4.7   Applikationsformen und die Art der Sonde... 11

      4.8   Spezielle Beobachtung und Pflegemaßnahmen 13

5   FAZIT 15

6   ABKÜRZUNGSVERZEICHNIS 16

7   TABELLEN- UND ABBILDUNGSVERZEICHNIS 17

8   LITERATURVERZEICHNIS... 17

1 Einleitung

In der vorliegenden Arbeit geht es um die enterale Ernährung bei Patienten mit akutem Nierenversagen. Der Schwerpunkt dieser Arbeit soll der Einfluss der Pflege auf der Intensivstation sein. Ausgangspunkt dessen waren die ernüchternden Ergebnisse der S 3 Leitlinie der Deutschen Gesellschaft für Ernährungsmedizin (DGEM)in Zusammenarbeit mit der GESKES und der AKE, die besagen, dass nur 50 % der kritisch Kranken auf den Intensivstationen nur die Hälfte der verordneten Kilokalorien verabreicht bekamen. Gründe dafür waren Resorptionsstörungen und andere schwerwiegende Einflussfaktoren (W. H. Hartl, K. G. Parhofer, D. Kuppinger, P. Rittler 2013, S. 91). Insbesondere ist aufgefallen, dass Patienten mit Nierenversagen keine einheitliche Gruppe darstellen, daher unterscheiden sich die ernährungstherapeutischen Maßnahmen beträchtlich voneinander (vgl. W. Druml, B. Contzen, M. Joannidis, H. Kierdorf, M. K. Kuhlmann 2015, S. 25). Meine praktischen Erfahrungen im Rahmen der Fachweiterbildung Anästhesie und Intensivpflege bestärkten mein Interesse für dieses Thema. Ziel dieser Arbeit ist es, zu überprüfen welche Rolle und welchen Einfluss die Pflege bezüglich der enteralen Ernährung hat. Die Frage ist für die Pflege von besonderem Interesse, weil das Thema Gegenstand verschiedener Wissenschaften ist und interdisziplinär agiert wird.

2 Vorgehen

Als Methodik wurde eine orientierende Literaturrecherche zum Thema akutes Nierenversagen und die Konsequenzen für die enterale Ernährung auf der Intensivstation ausgewählt. Recherchiert wurde in der Bibliothek des Klinikums Nürnberg. In Datenbanken, Fachzeitschriften und-literatur. Des Weiteren wurde ein Fachkongress der Deutschen Interdisziplinären Vereinigung für Intensiv- und Notfallmedizin besucht.

Um das Lesen der Arbeit zu erleichtern, wurde überwiegend das männliche Geschlecht gewählt. Natürlich sind immer alle Geschlechter gemeint.

3 Das akute Nierenversagen und seine Auswirkungen

Dieses Kapitel soll darstellen, was das akute Nierenversagen bedeutet und in welchem Zusammenhang es zur Ernährung steht. Die Folgen für den Patienten sollen deutlich werden und die Rolle der Pflege erörtert werden.

3.1 Definition akutes Nierenversagen

Das akute Nierenversagen ist eine Form der Niereninsuffizienz, die sich dadurch kennzeichnet, dass es zu einer raschen Abnahme der Nierenfunktion kommt. Diese Form des Nierenversagens ist meist reversibel. Die Dauer des akuten Nierenversagens kann zwischen einigen Stunden und mehreren Wochen dauern. Das akute Nierenversagen unterteilt sich pathophysiologisch je nach Ursache in prärenales-, intrarenales- und postrenales akutes Nierenversagen.

Es gibt eine Vielzahl von Definitionen. Aber um einheitlich und vergleichbar zu anderen Ländern zu sein, stellt die KDIGO-Leitlinie den aktuellen internationalen Stand der Definition des akuten Nierenversagens dar. Ein akutes Nierenversagen liegt vor bei Anstieg des Serumkreatinins von einem gemessenen oder anzunehmenden Grundwert um mindestens 50 % innerhalb von 7 Tagen. Oder bei einem Anstieg über einen gemessenen Ausgangswert um mindestens 0,3 mg/dl innerhalb von 48 Stunden. Zusätzlich liegt ein akutes Nierenversagen mit einer gemessenen Urinausscheidung von weniger als 0,5 ml/kg/h in 6 Stunden vor. Die Diagnose „akutes Nierenversagen" ist also unabhängig von der Notwendigkeit einer Dialysebehandlung. Es wird des Weiteren in verschiedene Stadien eingeteilt (vgl. U. Eckardt, S. John, C. Willam 2015, S. 7–8).

Tabelle 1: KDIGO-Stadieneinteilung der AKI-Stadien

AKI-Stadium	S-Kreatinin	Urin-Ausscheidung
1	1,5- bis 1,9-facher Anstieg innerhalb von sieben Tagen oder Anstieg ≥0,3 mg/dl innerhalb von 48 Stunden	< 0,5 ml/kg/h über mehr als sechs Stunden
2	2,0 bis 2,9-facher Kreatininanstieg	<0,5 ml/kg/h über mehr als zwölf Stunden
3	≥ 3-facher Kreatininanstieg oder Serum-Kreatinin ≥4mg/dl mit einem akuten Anstieg ≥ 0,5mg/dl	< 0,3 ml/kg/h über mehr als 24 Stunden oder fehlende Urinausscheidung (Anurie) für ≥ zwölf Stunden

3.2 Der Patient im akuten Nierenversagen

Die Folgen des akuten Nierenversagens sind Regulationsprobleme des Flüssigkeits-, Elektrolyt- und Säure-Basen-Haushalts. Des Weiteren hat es ein Verbleiben von Endprodukten des Eiweißstoffwechsels wie zum Beispiel Harnstoff oder anderen harnpflichtigen Substanzen, unter anderem Kreatinin, im Organismus zufolge. Aufgrund dessen kann es zu einer lebensbedrohlichen Vergiftung kommen, der Urämie (vgl. Grotz).

In Abhängigkeit von der Ursache können eine intensivmedizinische Betreuung und Behandlung mit einer vorübergehenden Dialyse notwendig sein. Trotz guter Prognose für die Wiederherstellung der Nierenfunktion, kann das akute Nierenversagen durch Sekundärerkrankungen wie zum Beispiel eine Pneumonie in ein häufig tödliches Multiorganversagen münden. Das Risiko des Übergangs in eine chronische dialysepflichtige Niereninsuffizienz hängt von der Ursache ab. Patienten mit akutem Nierenversagen weisen häufig einen hyperkatabolen Stoffwechsel auf. Meist geht dieser mit proinflammatorischen Prozessen einher, welche wiederum nicht nur Einfluss auf den Nährstoffbedarf des Patienten haben, sondern auch auf dessen Mortalität. Diese Einflussfaktoren begünstigen das Risiko von Stoffwechselentgleisungen und machen strenges Monitoring für eine enterale Ernährungstherapie notwendig. Die Verantwortung der Pflege liegt vor allem im Überwachen und im frühzeitigen Erkennen und damit der Verhinderung einer Mangelernährung. Jeder Mensch im akuten Nierenversagen muss individuell betrachtet werden, da es ein heterogenes Krankheitsbild ist, so ist es immer abhängig von der Nierenfunktionsleistung des Patienten und der gewählten Nierenersatztherapie (vgl. W. Druml, B. Contzen, M. Joannidis, H. Kierdorf, M. K. Kuhlmann 2015, S. 22–23).

3.3 Ermittlung des Energiebedarfs des Patienten

Der Gesamtenergiebedarf des Patienten mit einem akuten Nierenversagen ist um ein Vielfaches höher als der des Grundumsatzes eines gesunden Menschen. Der Gesamtenergiebedarf ist von verschiedenen Faktoren abhängig, wie zum Beispiel Stress, Grunderkrankungen, der körperlichen Aktivität und der Nierenersatztherapie. Bei einem Patienten mit akutem Nierenversagen auf der Intensivstation geht man in der Regel von einer erniedrigten körperlichen Aktivität aus, sodass man nur den Stressfaktor ermitteln muss. Dieser berechnet sich aus der primären Diagnose. Falls nun mehrere Grunderkrankungen vorliegen sollten, wird der Wert nicht addiert, sondern nur der höchste Wert berücksichtigt. Um den Energiebedarf des Patienten zu bestimmen, gibt es verschiedene Nährstofftabellen, die dabei helfen, den Bedarf zu bestimmen. Jedoch kann dieser sehr unterschiedlich sein und muss deshalb individuell berechnet werden. Dabei kann man sich verschiedener Methoden bedienen, um den REE = resting energy expenditure (Ruheenergieumsatz) zu berechnen. Bei meinem Besuch des Fachkongresses wurde von Prof. Hartl eine genauere Ermittlungsmethode vorgestellt. Der Ruheenergieumsatz wird mit Hilfe von einem Gerät einer indirekten Kalorimetrie über eine Atemgasanalyse ermittelt. Hierbei wird über das kontinuierliche Atemvolumen, die Sauerstoffaufnahme und Kohlendioxidabgabe der individuelle Grundumsatz berechnet. Der Vorteil ist, dass man einen ausreichend genauen individuellen Kalorienbedarf des Patienten erfährt. Der Nachteil ist, dass die Geräte selten verfügbar sind und bei beatmeten Patienten mit einem Sauerstoffanteil von über 60% die Werte verfälscht sein können. Deshalb stellt diese Methode noch eher eine Zukunftsvision dar (vgl. Rümelin und Mayer 2013, S. 41–43). Die gängigste Methode zur Berechnung des Ruheenergieumsatzes ist die Methode nach Harris und Benedict. Dabei werden körperliche Faktoren wie Geschlecht, Körpergröße -und -gewicht in eine Formel gesetzt. Diese Methode dient aber nur zur Orientierung und weist zum gemessenen Ruheenergieumsatz eine hohe Fehlerbreite auf. Wie oben beschrieben, muss nun der Stressfaktor zu dem Grundumsatz multipliziert werden. Dieser wird eingeteilt in leichten Stress, mäßigen Stress und schweren Stress. Leichter Stress muss mit dem Faktor 1,1-1,3 multipliziert werden,- mäßiger Stress muss mit dem Faktor 1,4-1,6 und schwerer Stress-, mit dem Faktor 1,7-2. Somit ergibt sich der Gesamtenergiebedarf aus Grundumsatz × Stressfaktor (vgl. T.Felbinger, M.Hecker, G.Elke 2014, S. 114–122).Der Energiebedarf des Patienten mit einem ANV ähnelt dem anderer akutkranker Intensivpatienten, wird aber im Falle einer Nierenersatzpflicht, durch das Nierenersatzverfahren beeinflusst. Dieser bezieht sich auf den Nährstoffbedarf und auf die metabolischen Komplikationen. Zusätzlich muss mit einer Erhöhung der Energieaufnahme durch eine Zitratantikoagulation gerechnet werden. Genauere Berechnungsgrundlagen gibt es nicht, da diese nicht kalkulierbar sind. Meine Erfahrung diesbezüglich ist, dass es sich schwierig gestaltet, den Energiebedarf des Patienten im akuten Nierenversagen zu bestimmen. Die Verantwortung für die Bestimmung des Energiebedarfs beruht auf einem Miteinander und zeigt die Bedeutung der interdisziplinären Zusammenarbeit auf der Intensivstation auf (vgl. Rümelin und Mayer 2013, S. 38–42).

Tabelle 2 Nährstoffbedarf von akut-kranken Patienten mit Niereninsuffizienz ohne Nierenersatztherapie

Energie	20 – 25	kcal/kg KG/Tag
Aminosäuren/Protein	0,8 – 1,2**	g/kg KG/Tag
Kohlenhydrate	3,0 – 4,0	g/kg KG/Tag
Fett	0,8 – 1,2***	g/kg KG/Tag
L-Carnitin[1]	0,5	g/Tag
wasserlösliche Vitamine[2]	(Kombinationspräparate)	1-mal Tagesbedarf (RDA)
fettlösliche Vitamine[2]	(Kombinationspräparate)	1-mal Tagesbedarf (RDA)
Spurenelemente[2]	(Kombinationspräparate)	1-mal Tagesbedarf (RDA)
Elektrolyte[2]	eine Phosphat-/Kaliumrestriktion ist bei Akuterkrankungen meist nicht notwendig	

* Der Bedarf kann sich durch Akuterkrankungen grundsätzlich ändern; ** in Abhängigkeit der körperlichen Aktivität; 1 in einigen Ernährungspräparaten enthalten, optional; 2 enterale Ernährungspräparate, die den empfohlenen Tagesbedarf enthalten, Vitamin D s. u.

Tabelle 3 Nährstoffbedarf von akut-kranken Patienten mit Nierenversagen unter Nierenersatztherapie

Energie	20 – 25	kcal/kg KG/Tag
Aminosäuren/Protein	1,2-1,5(max 1,8)	g/kg KG/Tag
Kohlenhydrate	3,0 – 4,0	g/kg KG/Tag
Fett	0,8 – 1,2***	g/kg KG/Tag
L-Carnitin1	0,5	g/Tag
wasserlösliche Vitamine[2]	(Kombinationspräparate)	2-mal Tagesbedarf (RDA)
fettlösliche Vitamine[2]	(Kombinationspräparate)	2-mal Tagesbedarf (RDA)
Spurenelemente[2]	(Kombinationspräparate)	2-mal Tagesbedarf (RDA)
Elektrolyte[2]	eine Phosphat-/Kaliumrestriktion ist bei Akuterkrankungen meist nicht notwendig	

* Individualisierung! Der Bedarf kann zwischen Patienten sehr unterschiedlich sein, sich aber auch im Krankheitsverlauf grundsätzlich ändern; ** in Abhängigkeit des Katabolismus und der individuellen Toleranz; *** Monitoring der Plasmatriglyzeride erforderlich; 1 in manchen Diäten enthalten, optional (s. u.); 2 evtl. geänderter Bedarf an Vitamin D und Selen, enterale Diätpräparate enthalten den empfohlenen Tagesbedarf

3.4 Rolle der Pflege

Um die Rolle der Pflege zu erörtern und zu einem besseren Verständnis zu kommen, ist es wichtig, Pflege als Prozess wahrzunehmen. Der Pflegeprozess nach Fiechter und Meier bietet eine gute Darstellung, was notwendig ist um Pflegequalität kontinuierlich hoch zu halten. Pflege muss als strukturierter, durchdachter Prozess gesehen und gestaltet werden, das heißt, es müssen Pflegemaßnahmen systematisch geplant und durchgeführt und auf ihre Wirksamkeit und Effektivität hin kontrolliert werden.

Ein Pflegeziel ist dabei unerlässlich, das Ziel ist für den Patienten eine ausreichende und ausgewogene enterale Ernährung sicherzustellen. Ein Pflegeziel ist immer individuell und kann gerade bei Patienten mit akutem Nierenversagen nicht standardisiert werden. Im Folgenden werden Maßnahmen und Wege vorgestellt. Sie verdeutlichen die Arbeit der Pflege, als das interdisziplinäre Agieren verschiedener Berufsgruppen (Thieme 2015b).

Die Pflegekraft ist bei der Versorgung und Betreuung von intensivpflichtigen Patienten mit einem akuten Nierenversagen von essentieller Bedeutung. Ihre Tätigkeit umfasst auch das Erkennen und Wahrnehmen von mangelernährten Patienten. So sind das Verabreichen und Überwachen der enteralen Ernährung, wie zum Beispiel Gewichtsverlust und Essverhalten zu erfragen, wenn möglich, beim Patienten selbst oder bei dessen Angehörigen. Zum Erfassen des Ernährungszustandes steht der Pflegekraft eine Vielzahl an Assessmentinstrumenten zu Verfügung, wie zum Beispiel der AKE Screening Bogen für Mangelernährungsrisiko. Dieser kann bei der Einschätzung ob eine Mangelernährung vorherrscht, helfen. Der AKE Bogen ist im Anhang der Arbeit zu finden und soll ein Anreiz bieten ihn zu benutzen. Er stellt jedoch keinen Ersatz der ärztlichen Diagnostik dar, deshalb ist es von entscheidender Bedeutung, auf der Intensivstation im interdisziplinären Team zusammenzuarbeiten. Genauso wichtig wie das Erkennen der Mangelernährung ist die fortlaufende Kontrolle des Ernährungszustandes. Hierfür stehen dem Pflegepersonal mehrere Methoden zur Verfügung wie z.B. das Messen des Oberarmumfangs oder die Gewichtskontrolle. Jedoch können der Oberarmumfang und das Gewicht verfälscht werden z.B. durch einen gestörten Wasserhaushalt. Deshalb ist es wichtig, eine Ein-und Ausfuhrbilanz durchzuführen. Diese Bilanzen können zusätzlich ein genaueres Bild des Ernährungszustandes des Patienten geben. Hilfreich ist es hierbei auch, Hautfaltenkontrollen zu machen, welche auf eine Exikose hinweisen können. Hat die Pflegekraft den Ist-Zustand ermittelt, ist es wichtig den Soll-Zustand festzulegen. Patienten mit ANV und einer Nierenersatztherapie machen engmaschiges Monitoring des Patienten durch die Pflegekraft notwendig, um Komplikationen durch das Nierenersatzverfahren frühzeitig erkennen zu können. Jedoch unterscheiden sich je nach Art des Nierenersatzverfahrens die Nebenwirkungen und müssen deshalb unterschiedlich bedacht werden. Beim kontinuierlichen Nierenersatzverfahren kommt es vor allem zum Verlust von Körperwärme. Dies bedeutet einen zusätzlichen Energieverlust, welcher durch physikalische Maßnahmen, zum Beispiel Wärmedecken, behoben werden kann. Bei der intermittierenden Hämodialyse/Hämodiafiltration kann es durch die zeitliche Begrenztheit des Dialyseverfahrens zur hämodynamischen Instabilität kommen, welche bei der täglichen Pflege beachtet werden muss. Weiterhin kann es zu einer Aktivierung des Proteinkatabolismus (Verlust von Aminosäuren/Protein, Induktion einer inflammatorischen Reaktion) kommen. Diese können Fieber und erhöhte Wasserverluste bedingen und somit zu einer Erhöhung des Energiebedarfs führen (vgl. W. Druml, B. Contzen, M. Joannidis, H. Kierdorf, M. K. Kuhlmann 2015, S. 22–32). Diese Folgen können durch physikalische Maßnahmen wie kühlende Wadenwickel bis hin zur Kältetherapie durch die Pflegekraft günstig beeinflusst werden (Akintürk et al. 2017, S. 106–107). Im Klinikum Nürnberg wird auf den Intensivstationen, der enterale Kostaufbau durch die Pflegekraft in Absprache mit einem Arzt geplant und durchgeführt. Der enterale Kostaufbau wird detailliert im Kapitel 4.5. beschrieben.

4   Enterale Ernährung im akuten Nierenversagen

In den folgenden Kapiteln wird auf die enterale Ernährung bei einem intensivpflichtigen Patienten im ANV eingegangen. Diese ist einerseits beeinflusst durch die eigentliche Grunderkrankung andererseits durch das akute Nierenversagen. Führende Ernährungsgesellschaften (DGEM, AKE) empfehlen zur enteralen Ernährung vorerst hochmolekulare Standarddiäten wie z.B. Nutrison Multi Fibre. Jedoch können in Einzelfällen oder bei schwierigen Stoffwechsellagen speziell an die Nierenfunktion adaptierte Präparate wie Nepro® HP eine metabolische Führung erleichtern. Dies ist eines der Aufgabengebiete der Pflege, sie überwacht den Fortschritt des enteralen Kostaufbaus und steigert bzw. reduziert die Laufrate. (vgl. W. Druml, B. Contzen, M. Joannidis, H. Kierdorf, M. K. Kuhlmann 2015, S. 25).

4.1   Definition enterale Ernährung

„Der Begriff Enterale Ernährung (Abkürzung: EE, englisch: *enteral nutrition, tube feeding*) bezeichnet die künstliche Nahrungszufuhr und -aufnahme über den Magen-Darm-Kanal mittels einer Sonde oder einem Stoma ohne die natürliche Benutzung des Mund-Rachen-Raums. Die enterale Ernährung zählt zur künstlichen Ernährung. Im engeren Sinn wird der Begriff meist nur für die Ernährung per Sonde verwendet" (Pflegewiki).

4.2   Fachwissen und seine Bedeutung

Der Einfluss von Fachwissen über die enterale Ernährung in Verbindung mit Patienten im akuten Nierenversagen wirkt sich auf die Fachkompetenz der Pflegekraft aus. Entsprechende kontinuierliche Handlungskompetenz kommt dem Patienten zugute, da der Kostaufbau in einer komplexen Situation eher gelingt. Mit entsprechendem Wissen und in ärztlicher Absprache erkennt die Pflege besser Situationen und passt die enterale Ernährung individuell an den Patienten und dessen Situation an. (vgl. Thieme 2015a)

4.3 Indikationen und Kontraindikationen für enterale Ernährung

Laut führenden Ernährungsgesellschaften (ESPEN/DGEM) ist eine enterale Ernährung empfohlen, wenn ein Patient länger als 24 Stunden nicht mit normaler Kost versorgt werden kann. Jedoch ist es gerade auf der Intensivstation nicht immer möglich, jeden Patienten, der nicht oral Nahrung zu sich nehmen kann, enteral zu ernähren. Um eine Orientierung zu geben, wird in diesem Kapitel auf Ausschlusskriterien eingegangen. Diese werden in absolute und relative Kontraindikation eingeteilt. Absolute Kontraindikationen sind: das akutes Abdomen, eine Peritonitis, akute gastrointestinale Blutungen, ein mechanischer Ileus oder eine Intestinale Ischämie oder eine intestinale Perforation. Bei den relativen Kontraindikationen ist oft eine minimale Ernährung möglich, dies trägt zum Erhalt der Darmbarriere bei. Gründe dafür können ein paralytischer Ileus, unbeherrschbares Erbrechen, schwere Diarrhöen oder enterokutane Fisteln mit hoher Sekretion sein. Es ist wichtig einschätzen zu können, ab wann eine enterale Ernährung pausiert werden muss, was gerade im Bereich der relativen Kontraindikationen schwer zu bestimmen ist. Hierbei ist ein engmaschiges Monitoring der Pflege notwendig, welches unter 4.7. näher erläutert wird. (vgl. H. Bertz et al. 2014, S. 373–374)

4.4 Vorteile der enteralen Ernährung

Der Vorteil der enteralen Ernährung ist eine physiologische Nährstoffaufnahme, die im Vergleich zur parenteralen Ernährung wesentlich komplikationsärmer ist. Die Ernährung der Darmschleimhaut hat einen positiven Effekt auf das Immunsystem sowie auf die Erhaltung der Funktion des Gastrointestinaltraktes. Insgesamt zeigen sich niedrigere Infektionsraten, was zu einer schnelleren Gesundung des Patienten führt und zu einer kürzeren Krankenhausverweildauer. Jedoch muss darauf hingewiesen werden, dass es nicht immer möglich ist, eine vollständige Nährstoffzufuhr über die enterale Ernährung zu gewährleisten. In dem Fall kann die parenterale Ernährung zur Ergänzung hinzugezogen werden. (vgl. Bertz et al. 2014, S. 373).

4.5 Der enterale Kostaufbau

Bei Patienten im ANV stellt die enterale Ernährung die erste und wichtigste Maßnahme zur Unterstützung und Wiederherstellung der gastrointestinalen Funktionen dar. Sie verringert die Mortalität und ist zudem noch kostengünstiger als die parenterale Ernährung. Dennoch ist es gerade bei Patienten mit ANV häufig unmöglich, den Nährstoffbedarf ausschließlich über eine enterale Ernährung zu decken. Daher kann eine ergänzende parenterale Ernährung notwendig werden. Zur Beurteilung der Verwertung der zugeführten Nährstoffe und zur Vermeidung von gastrointestinalen aber auch von metabolischen Komplikationen, sollte die Zufuhr mit niedrigen Raten begonnen und langsam über Tage gesteigert werden, bis der Nährstoffbedarf gedeckt wird. Weil eine beeinträchtigte Toleranz gegenüber verschiedenen Nährstoffen, wie Glukose, Fett, Aminosäuren bestehen kann, ist die

Gefahr einer Elektrolytentgleisung aufgrund des moderaten Laufratenanstiegs vermindert. Für die Ernährung des ANV-Patienten wird in der Regel Standardsondenkost (Nutrison Multi Fibre, (1Kcal/ml)) verwendet (vgl.W. Druml, B. Contzen, M. Joannidis, H. Kierdorf, M. K. Kuhlmann 2015, S. 24–25). Der individuelle enterale Kostaufbau kann sehr unterschiedlich aussehen, deshalb stelle ich nachfolgend ein Beispiel exemplarisch vor. Dieses soll eine Orientierung und ein Ablaufschema darstellen und ersetzt keinesfalls die ärztliche Anordnung.

<u>Beispiel für einen enteralen Kostaufbau</u>

Beginnen sollte man die enterale Ernährung nach 24 Stunden mit einer Laufrate von 10 ml/Stunde. Wenn möglich sollte alle vier Stunden ein Ultraschall des Magens erfolgen, um das gastrale Residualvolumen zu bestimmen. Falls dies aus personellen oder fachlichen Gründen nicht möglich ist, wird eine Reflux-kontrolle empfohlen. Diese erfolgt alle vier Stunden in Form einer zehnminütigen Nahrungspause und dem Tiefhängen des Magensondenbeutels, unterhalb des Magenniveaus. Sollte das Residualvolumen weniger als das Doppelte der vierstündlichen Laufrate sein (in diesen Fall wären es 80ml), kann man die Laufrate um 30ml/Stunde steigern und die im Magensondenbeutel verbliebene Nahrung mittels Schwerkraft wieder an den Patienten zurückgeben, aber nur, wenn der Reflux unter 110ml/h liegt. Sollte das Residualvolumen größer 110ml/h sein sollte die aktuelle Laufrate beibehalten werden aber dennoch eine Rückgabe das Aspirates ≤110ml/h erfolgen. Sollte das gastrale Residualvolumen   im nächsten 4-Stunden-Intervall wieder oberhalb der 110 ml/h liegen, muss eine Reduzierung der kontinuierlichen Laufrate um 30 ml/h erfolgen. Vor der Steigerung der enteralen Nahrung ≥ 1000ml/Tag sollte der Patient abgeführt haben. Ab dem Erreichen einer Zufuhr von 80 ml/h sollten die parenterale Ernährung und die Substituierung von Vitaminen/Spurenelementen abgesetzt werden. Ausnahme bildet hier das Nierenersatzverfahren, da bei dieser Therapie die doppelte Menge an wasserlöslichen Vitaminen empfohlen wird (Vitamin B 1-7, Vitamin C, Folsäure, Thiamin). Ein weiterer Unterschied bei der enteralen Ernährung eines Patienten mit einem Nierenersatzverfahren ist die erhöhte Gabe von Protein. Empfohlen wird eine Zufuhr von 1,4g-1,6g/kg/Tag (bei Hyperkatabolen >1,8g/kg/Tag), da der Verlust von Aminosäuren unter einem kontinuierlichen Nierenersatzverfahren 0,2g/l Filtrat/Dialysat beträgt. Bei Motilitätsstörungen sollten frühzeitig Prokinetika eingesetzt werden, zum Beispiel Metoclopramid. Die Steigerung der Nahrung unter Berücksichtigung des Blutzuckers, mit dem Zielwert 150mg/dl (>110mg/dl, <180mg/dl) kann bis zu einer Insulinlaufrate von 5IE/Stunde verabreicht werden. Falls dies nicht möglich ist, gibt dies darüber Aufschluss, dass der Körper die Energie nicht verwerten kann, weshalb die Laufrate auf die vorhergehende reduziert werden (vgl. Kleinschmidt 2004, S. 268–270)

4.6 Produkte und deren Einfluss auf die Ernährung

Bei der enteralen Ernährung des intensivpflichtigen Patienten im akuten Nierenversagen ist es von größter Bedeutung die richtige Sondennahrung zu wählen, da sie maßgeblich zum Erfolg des enteralen Kostaufbaus beiträgt. Hierzu werden die Ergebnisse aus der Studie „Enterale und parenterale Ernährung von Patienten mit Niereninsuffiziens" bezüglich der empfohlenen Sondennahrungen vorgestellt. Des Weiteren wird erklärt, wann welche Sondennahrung zum Einsatz kommen könnte. Eingeteilt werden die Sondennahrungen in nährstoffdefinierte Diäten(hochmolekulare = NDD) und chemisch definierte Diäten (niedermolekulare = CDD). Sie unterscheiden sich darin, dass bei einer nährstoffdefinierten Diät, alle Nährstoffe in aktiver Form vorherrschen, während bei einer chemisch definierten Diät, die Nährstoffe in vorverdauter (nicht aktiver) Form existieren. Ein Vorteil der niedermolekularen Diäten ist, dass sie mit minimalen Resorptionsleistung des GI-Traktes die Nährstoffe aufnehmen können. Jedoch wird für die enterale Ernährung eine NDD empfohlen. NDD enthalten Eiweiß (15-18%), Fett (30-35%) und Kohlenhydrate (50-55%) jedoch werden sie durch Ballaststoffe (1g pro 100ml) ergänzt die bei der CDD nicht gibt. Weiterhin können NDD sowohl in der Energiedichte als auch in der Zusammensetzung der Nährstoffe variieren um an verschiedenste Krankheitsbilder angepasst zu sein. Bei der enteralen Ernährung von intensivpflichtigen Patienten im akuten Nierenversagen wird eine Standard-NDD mit einem Energiegehalt von 1kcal/ml empfohlen (z.B. Nutrison Multifibre). Diese Sondennahrung wird standardmäßig auf der Intensivstation verwendet. Bei stoffwechselinstabilen Patienten wurden spezielle für Dialysepatienten entwickelte NDD entwickelt, welche die Durchführung der Ernährungstherapie vereinfachen können, da es hierbei zu weniger metabolischen Entgleisungen kommt (vgl. J. Braun,T. Bein, C.H.R. Wiese, B.M. Graf, Y.A. Zausig 2011, S. 352–359).

4.7 Applikationsformen und die Art der Sonde

Die gewählte Applikationsform ist entscheidend für die Therapie des Patienten, da sie auf die Verträglichkeit der enteralen Ernährung und somit auch auf mögliche Nebenwirkungen einen maßgeblichen Einfluss hat. Man muss individuell für den Patienten entscheiden, welche Applikationsform die richtige für ihn ist. Man unterscheidet zwischen der kontinuierlichen und der intermittierenden Applikation/Bolus Applikation. Kriterien für die Wahl der richtigen Applikationsform können die Art der Grunderkrankung oder auch die Funktionsfähigkeit des Gastrointestinaltraktes sein. Jedoch zeigt sich, dass die kontinuierliche pumpengesteuerte Applikationsform die ideale Form für die Intensivstation und vor allem für den Patienten mit einem akuten Nierenversagen ist. Aus diesem Grund wird die intermittierende Applikation/Bolus Applikation nur kurz vorgestellt. Unter Bolus Applikation versteht man die Verabreichung von Sondennahrung in Portionen in einem physiologischen Zeitintervall mit ernährungsfreien Zeiten. Sie erfolgt meist mittels einer Blasenspritze, kann aber auch via Schwerkraft oder über eine Pumpe gesteuert werden. Hierzu ist zu beachten, dass die Spritze nach einmaligem Gebrauch zu verwerfen ist und die intermittierende Gabe über eine Pumpe besser verträglich ist. Vorteil der intermittierenden Applikation ist, dass sie am ehesten der physiologischen Nahrungsaufnahme entspricht und eine komplette Entleerung des Magens ermöglicht. Daraus ergibt sich eine geringere Bakterienbesiedelung. Da aber der intensivpflichtige Patient mit ANV häufig gastrale Motilitätsprobleme hat, ist nicht davon auszugehen, dass es zu einer vollständigen Magenentleerung kommt. Dies wiederum begünstigt eine schlechtere Verträglichkeit und kann zu Diarrhöe-, und Übelkeit bis hin zum Erbrechen führen. Des Weiteren kann dies zu einer Aspirationspneumonie führen, welche das Patienten Outcome negativ beeinflusst. Ein weiterer Aspekt ist die Gefahr einer metabolischen Entgleisung, zum Beispiel rascher Blutzuckeranstieg. In Summe überwiegen die Nachteile der intermittierenden Applikation/Bolusgabe, weswegen sie auf der Intensivstation bei einem Patienten mit Nierenversagen ungeeignet.

Kontinuierliche Applikation

Die kontinuierliche Gabe von Sondenkost erfolgt über 12-24 h. Es ist nach meiner Erfahrung das häufigste verwendete Verfahren am Klinikum Nürnberg. Man unterscheidet hier zwischen der pumpengesteuerten- und der schwerkraftgesteuerten Applikation. Grundsätzlich muss man erwähnen, dass die pumpengesteuerte Applikation besser verträglich ist. Die Indikationen für eine kontinuierliche Applikation sind: stoffwechselinstabile Patienten, Patienten mit gastralen Motilitätsstörungen, Patienten mit dem Risiko oder einer stattgefundenen Aspiration und grundsätzlich bei der Anlage einer PEJ. Vorteile für den Patienten im ANV sind die bessere Verträglichkeit, bessere Steuerbarkeit und damit leichtere Führbarkeit der metabolischen Situation. Die verbesserte Aufnahme von Nährstoffen, ein geringeres Risiko einer Aspiration und da es ein geschlossenes System ist eine geringere Keimbelastung vorherrscht. Nachteile der kontinuierlichen Gabe ergeben sich lediglich durch den höheren Anschaffungs- und Materialpreis, was aber meines Erachtens zu vernachlässigen ist, da durch dieses System Komplikationen vermieden werden und es sich für den Patienten positiv auswirkt. Zudem kommt es einer kürzeren Patientenverweildauer auf der Intensivstation. Insgesamt zeigt sich, dass die kontinuierliche pumpengesteuerte Applikationsform die ideale Form für die Intensivstation und vor allem für den Patienten mit einem akuten Nierenversagen ist. (vgl. Pflege 2015, S. 724–726) .Aber nicht nur die Applikationsform, sondern auch die Art der Ernährungssonde entscheidet, ob ein enteraler Kostaufbau beim intensivpflichtigen Patienten im akuten ANV gelingen kann. Grundsätzlich unterscheidet man die Ernährungssonden über den Zugangsweg und zum anderen über die Lage im Gastrointestinaltrakt. Die Wahl der Eintrittspforte ist davon abhängig, wie lang der Patient darüber ernährt werden soll. Die nasogastrale Sonde kommt zum Einsatz, wenn eine Verweildauer kleiner 4 Wochen angenommen wird. Die perkutane Sonde wird gelegt, wenn die Verweildauer länger als vier Wochen ist. Zum anderen wird die Ernährungssonde über die Lage im Gastrointestinaltrakt bestimmt. Sie kann im Magen oder auch im Dünndarm liegen. Das Legen einer Ernährungssonde wird dann empfohlen, wenn angenommen wird, dass der Patient sich nicht innerhalb von drei Tagen vollständig mit normaler Kost versorgen kann. Beim Patienten im ANV wird eine nasogastrale Sonde empfohlen, da diese zeitnah ohne großen Aufwand gelegt werden kann. Sollte die enteralen Nahrung nicht ausreichend verdaut werden, kann man auf eine nasojejunale Sonde ausweichen. Damit wird die enterale Ernährung sichergestellt und ist komplikationsärmer. Um für den Patienten eine qualitativ hochwertige Pflege zu gewährleisten, ist es unerlässlich, neben der kontinuierlichen Applikation und der richtigen Wahl der Ernährungssonde wichtige Pflegemaßnahmen zu planen und durchzuführen. (vgl. Uniklinik Freiburg 2010, S. 2–3)

4.8 Spezielle Beobachtung und Pflegemaßnahmen

Um Komplikationen bei der enteralen Ernährung zu vermeiden und eine ausreichende Versorgung zu gewährleisten, werden von der DGEM verschiedene Überwachungsmaßnahmen empfohlen. Insbesondere bei Patienten mit einem akuten Nierenversagen treten gehäuft Beeinträchtigungen des gastrointestinalen Traktes auf, die in Form von Motilitäts- und Resorption Störungen bis hin zum Auftreten von Blutungen reichen können. Daher liegt es nah, dass man dem Erkrankten ein engmaschiges Monitoring zukommen lässt. In den nachfolgenden Punkten wird dieses aufgezählt und genauer erläutert.

<u>Kontrolle der Ernährungspumpe</u>

Bei Übernahme des Patienten ist die Ernährungspumpe auf ihre Funktionstüchtigkeit, Laufrate und den korrekten Anschluss an der Ernährungssonde zu überprüfen.

<u>Bilanz der Menge der applizierten Sondenkost/ Flüssigkeit</u>

Da die Wahrscheinlichkeit hoch ist, dass die zugefügten Substrat- und Flüssigkeitsmengen nicht zu 100 % aufgenommen werden können, ist es erforderlich diese zu bilanzieren. Dies liegt zum einen, an den beim ANV häufig auftretenden Störungen des GI-Traktes und zum anderen an Ernährungspausen. Zusätzlich ist die Kalorienzufuhr zu überprüfen. Dies kann mit einem Ist/Soll-Abgleich erfolgen.

<u>Überprüfung der Magensonde</u>

Die Lagekontrolle der Magensonde ist vor jedem Schichtbeginn, vor jedem Transport und vor und nach einer Bauchlage zu überprüfen. Die Überprüfung der Magensonde kann mittels einer Blasenspritze über das Aspirieren des Mageninhaltes erfolgen. Eine weitere Methode ist das Applizieren von Luft (ca. 20ml) mittels Blasenspritze, die über die Magensonde in den Magen gepumpt wird, bei richtiger Lage äußert sich dies durch „Blubbern", welches über ein Stethoskop das auf der Höhe des Magens am Thorax anzuhalten und wahrzunehmen ist. Nicht gastrale Ernährungssonden werden durch radiologische bildgebende Verfahren kontrolliert.

<u>Kontrolle der Magenentleerung während der enteralen Ernährung</u>

Zum pflegerischen Monitoring gehört die Kontrolle des gastralen Residualvolumens. Zur Überprüfung, ob der Patient die Nahrung verdaut hat, stehen dem Pflegepersonal mehrere Varianten zur Verfügung. Am verbreitetsten ist das Messen des gastralen Residualvolumens alle sechs Stunden über das Tiefhängen des Magensondenbeutels für zehn Minuten oder das Aspirieren mittels einer Blasenspritze. Jedoch besagt die Studie (S1-Leitlinie der Deutschen Gesellschaft für Ernährungsmedizin

(DGEM) in Zusammenarbeit mit der AKE, der GESKES und der DGfN „Enterale und parenterale Ernährung von Patienten"), dass dies keine verlässliche Methode zum Bestimmen des gastralen Residualvolumen ist. Eine zuverlässigere Methode zum Erkennen ob die Nahrung verdaut wurde ist die Überprüfung des Mageninhaltes mittels Ultraschall. Dieser wird zum Beispiel in der Klinik Witten Herdecke vom Pflegepersonal selbstständig durchgeführt.

Blutzucker Monitoring

Blutzuckerkontrollen werden aller sechs Stunden empfohlen. Anders ist es bei Patienten mit schwierigen Stoffwechsellagen wie z.B. dem akuten Nierenversagen. Hierbei sind engere Blutzuckerkontrollen zu empfehlen, da es bei dieser Patientengruppe eher zu metabolischen Entgleisungen kommen kann. Die ideale Blutzuckerkonzentration entspricht 150mg/dl, jedoch sollte der Blutzucker unter 180mg/dl liegen, weil unter anderem ein zu hoher Blutzucker die Niere weiter schädigen könnte. Der untere Schwellenwert entspricht 110 mg/dl. Weil die Gefahr einer Hypoglykämie eine schwerwiegendere Komplikation darstellt als eine Hyperglykämie ist es wichtig diese unbedingt zu vermeiden. Wenn Insulin verabreicht wird (meist intravenös) ist es notwendig die BZ-Kontrolle mindestens aller drei bis vier Stunden erfolgen zulassen, um metabolische Entgleisungen zu vermeiden.

Überwachen des Stuhlgangs

Wie schon in dem Fallbeispiel beschrieben, sollte-, der Patient vor der Steigerung der enteralen Ernährung größer 1000 ml/Tag zuvor abgeführt haben. Dabei ist auf die Menge und Konsistenz des Stuhlgangs zu achten. „Wegen der Beeinträchtigung der intestinalen Motilität bei Niereninsuffizienz sollten in der enteralen Ernährung frühzeitig Prokinetika eingesetzt werden." (vgl. W. Druml, B. Contzen, M. Joannidis, H. Kierdorf, M. K. Kuhlmann 2015, S. 25). Aus meiner subjektiven Erfahrung, wird am Klinikum Nürnberg der Patient nach dem dritten Tag abgeführt, sofern keine Krankheits- oder operativen Maßnahmen dagegensprechen.

Gewichtsentwicklung

Gewichtskontrollen sind ein wichtiges Element zur Beurteilung des Ernährungszustandes des Patienten im ANV. Jedoch gibt es auf der Intensivstation nur sehr wenige Betten mit einer eingebauten Waage, diese werden gehäuft bei adipösen Patienten eingesetzt. Deshalb kann man alternativ den Oberarmumfang messen, welcher im Verlauf ein Indiz auf den Ernährungszustand sein kann, der Oberarmumfang ist aber nur aussagekräftig bei ausgeglichener Flüssigkeitsbilanz. Hierbei muss erwähnt werden, dass gerade im ANV mit einer Verschiebung des Flüssigkeitshaushaltes zu rechnen ist. Deshalb kann das Körpergewicht nur in Kombination mit der Flüssigkeitsbilanz gesehen werden. Das wie oben beschriebene Einsetzen eines Screeningscores um eine Mangelernährung zu erkennen (AKE screeningscore) führt zu einer Objektivierung des Ernährungszustandes.

Temperatur Kontrollen

Bei einem kontinuierlichen Nierenersatzverfahren kommt es vor allem zum Verlust von Körperwärme (Energie). Deshalb ist es bei dieser Patientengruppe von Vorteil eine kontinuierliche Temperaturkontrolle anzubringen. Diese ermöglicht es, einen Temperaturabfall frühzeitig zu erkennen und damit einen Energieverlust zu vermeiden. Die Pflege kann durch physikalische Maßnahmen wie z.B. Wärmedecken dem Auskühlen entgegenwirken.

Vermeidung von Komplikationen

Um Komplikationen bei der enteralen Ernährung zu vermeiden, gibt es Empfehlungen. Eine dieser Empfehlungen ist die Oberkörperhochlage 30°-45° sie trägt dazu bei, eine Aspiration von Mageninhalt in die Lunge zu vermeiden.

Erkennen von Komplikationen:

 Durch ein frühzeitiges Erkennen möglicher Ursachen-, wie Magenentleerungsstörung-, oder eingeschränkter Schluckreflex können Komplikationen vermieden werden. Diese könnten durch rasselnde Atemgeräusche, Luftnot, Abhusten von Sondennahrung und Erbrechen erkannt werden.

Ausgeglichener Wasserhaushalt

Ein weiterer wichtiger Aspekt ist das Überwachen des Wasserhaushaltes des Patienten. Im akuten Nierenversagen durchläuft der Patient verschiedene Stadien, die eine sehr unterschiedliche Ausscheidungsmenge mit sich bringen. Diese wird unter anderem mit den Flüssigkeitsbilanzen ermittelt. Jedoch ist häufig unklar, ob gerade am Beginn einer Behandlung ein ausgeglichener Wasserhaushalt vorherrscht. Ein Anhaltspunkt auf einen gestörten Wasserhaushalt kann zusätzlich mittels Kontrollen des Hautturgors oder aus dem Vorhandensein von Ödeme abgeleitet werden (vgl. W Hartl et al. 2013, 91-96).

5   Fazit

Diese Facharbeit hat versucht, die Frage zu beantworten: „welchen Einfluss die enterale Ernährung für den Patienten im akuten Nierenversagen hat und welche Rolle die Pflege diesbezüglich einnimmt?" Zu diesem Zweck wurde eine orientierende Literaturrechere durchgeführt und ein Fachkongress besucht um einen aktuellen Stand der Lage wiederzugeben.

Die Ergebnisse zeigen, dass es insgesamt sehr wenig Studien und Beiträge ausgehend von der Pflege gibt. Es existieren verschiedene Meinungen und Aussagen von Experten, verschiedener Wissenschaftsbereiche-, wie der Medizin oder Ernährungslehre. Allerdings spielt die Pflege eines Patienten mit einem akuten Nierenversagen eine wichtige Rolle, da die Pflege mit gezielter Beobachtung und ausgewählten

Maßnahmen einen sehr großen Einflussfaktor darstellt. Grundvorrausetzung hierfür wäre-, das notwendige Fachwissen, um zum Beispiel den Energiebedarf des Patienten zu ermitteln und Mangelernährung zu detektieren. Ziel ist es eine umfassende Handlungskompetenz zu erwerben um mit dem ärztlichen Bereich zu patientenorientierten Lösungen zu kommen.

Das Ergebnis dieser Arbeit zeigt auf, wie schwierig es ist, den Nährstoffbedarf eines intensivpflichtig erkrankten Patienten enteral zu decken. Patienten im akuten Nierenversagen stellen eine gesonderte Patientengruppe dar, die aufgrund ihrer Erkrankung und eventueller Nierenersatztherapie besonders gefährdet sind unter einer Mangelernährung zu leiden.

Zusammenfassend lässt sich sagen, dass es wünschenswert wäre, dass die Pflege sich mit diesem Thema auseinandersetzt und in Zukunft gemeinsame Lösungen in einem interdisziplinären Team gesucht und gefunden werden. Vorstellbar wären zum Beispiel vorgegebene Assesmentinstrumente und Beurteilungsbögen hinsichtlich des Ernährungszustandes des Patienten.

6 Abkürzungsverzeichnis

DGEM	Deutsche Gesellschaft für Ernährungsmedizin
ANV	akutes Nierenversagen
REE	resting energy expenditure
ESPEN	European Society for Clinical Nutrition and Metabolism
AKE	Arbeitsgemeinschaft für klinische Ernährung
PEG	perkutane endoskopische Gastrostomie
NDD	Nährstoff definierte Diät
CDD	Chemisch definierte Diät
Kcal	Kilokalorien
Gi-traktes	Gastrointestinaltraktes
PEJ	Perkutan endoskopische Jejunostomie
DGfN	Deutsche Gesellschaft für Nephrologie
GESKES	Gesellschaft für klinische Ernährung der Schweiz

7 Tabellen- und Abbildungsverzeichnis

Tabelle 1: KDIGO-Stadieneinteilung der AKI-Stadien   Kap.3.1.

Tabelle 2: Nährstoffbedarf von akut-kranken Patienten mit Niereninsuffizienz ohne Nierenersatztherapie   Kap.3.3

Tabelle 3: 3 Nährstoffbedarf von akut-kranken Patienten mit Nierenversagen unter Nierenersatztherapie   Kap.3.3

8 Literaturverzeichnis

Akintürk, Hakan; Arbeiter, Klaus; Aufricht, Christoph; Aßmann, Christa; Bayerl, Ilse (2017): 4 Pflegerische Intervention bei den LAs (III). In: Georg Thieme Verlag Georg Thieme Verlag KG (Hg.): EXPRESS Pflegewissen Gesundheits- und Kinderkrankenpflege. 3. überarbeitete Auflage. Stuttgart: Thieme (Express Pflegewissen).

Pflege (2015). Unter Mitarbeit von Friederike Baumgärtel. Stuttgart: Thieme (I care, Anatomie, Physiologie, Krankheitslehre, Pflege ; Bd. 3).

Bertz, Hartmut; Zürcher, Gudrun; Kanz, Lothar (Hg.) (2014): Ernährung in der Onkologie. Grundlagen und klinische Praxis ; zusätzlich zum kostenlosen Download unter www.schattauer.de/bertz-2804.html Handouts für Therapeuten und Patienten ; [mit Handouts zum Download] ; mit 135 Tabellen. Stuttgart: Schattauer.

Braun J, Bein T., Wiese C.H.R., Graf B.M., Zausig Y.A. (2011): Ernährungssonden bei kritisch kranken Patienten. In: *Der Anaesthesist* 60 (4), S. 352–365. DOI: 10.1007/s00101-010-1800-0.

Druml W., Contzen B., Joannidis M., Kierdorf H., Kuhlmann M. K. (2015): S1-Leitlinie der Deutschen Gesellschaft für Ernährungsmedizin (DGEM) in Zusammenarbeit mit der AKE, der GESKES und der DGfN1 S1-Leitlinie der Deutschen Gesellschaft für Ernährungsmedizin (DGEM) in Zusammenarbeit mit der AKE, der GESKES und der DGfN1 Enterale und parenterale Ernährung von Patienten mit Niereninsuffizienz. Hg. v. Georg Thieme Verlag KG. Gesellschaft für Ernährungsmedizin (DGEM). Online verfügbar unter http://www.awmf.org/uploads/tx_szleitlinien/073-009l_S1_Ern%C3%A4hrung_enteral_parenteral_Niereninsuffizenz_2015-01.pdf, zuletzt geprüft am 02.03.2018.

Eckardt K.U.,. John S., Willam C. (2015): KDIGO-Leitlinien zum akuten Nierenversagen. Hg. v. Bayerisches Ärzteblatt. Online verfügbar unter http://www.bayerisches-aerzteblatt.de/inhalte/details/news/detail/News/kdigo-leitlinien-zum-akuten-nierenversagen.html, zuletzt aktualisiert am 02.03.2018.

Felbinger T., Hecker M., Elke G. (2014): Ernährung in der Intensivmedizin- ist weniger und später mehr? Wie viel Kalorien benötigt der Intensivpatient? In: *AINS* (49), S. 114–122.

Grotz W.: Akutes Nierenversagen. Hg. v. Deutscher Verlag für Gesundheitsinformation GmbH. Online verfügbar unter https://www.urology-guide.com/erkrankungen/nierenerkrankungen/akutes-nierenversagen/, zuletzt geprüft am 02.03.2018.

Hartl, W.; Parhofer, K.; Kuppinger, D.; Rittler, P. (2013): S3-Leitlinie der Deutschen Gesellschaft für Ernährungsmedizin (DGEM) in Zusammenarbeit mit der GESKES und der AKE. In: *Aktuelle Ernährungsmedizin* 38 (05), e90-e100. DOI: 10.1055/s-0033-1349536.

Hartl W. H., Parhofer K. G., Kuppinger D., Rittler P. (2013): S3-Leitlinie der Deutschen Gesellschaft für Ernährungsmedizin (DGEM) in Zusammenarbeit mit der GESKES und der AKE Besonderheiten der Überwachung bei künstlicher Ernährung. Hg. v. Georg Thieme Verlag KG. DGME. Online verfügbar unter http://www.awmf.org/uploads/tx_szleitlinien/073-022l_S3_%C3%9Cberwachung_bei_k%C3%BCnstlicher_Ern%C3%A4hrung_2013-10.pdf, zuletzt aktualisiert am 02.03.2018.

Kleinschmidt, Udo (2004): Enteraler Kostaufbau und Ernährung bei kritisch Kranken*. In: *intensiv* 12 (6), S. 262–270. DOI: 10.1055/s-2004-813390.

Pflegewiki (Hg.). Online verfügbar unter http://www.pflegewiki.de/wiki/Enterale_Ern%C3%A4hrung, zuletzt geprüft am 02.03.2018.

Rümelin A., Walter W., Mayer K. (Hg.) (2013): Ernährung des Intensivpatienten. Wien: Springer.

Thieme (Hg.) (2015a): Berufliche Handlungskompetenz. Online verfügbar unter https://www.thieme.de/statics/dokumente/thieme/final/de/dokumente/tw_pflegepaedagogik/3.4b_Berufliche_Handlungskompetenz_akt.pdf, zuletzt geprüft am 02.03.2018.

Thieme (Hg.) (2015b): Pflegeprozessmodell nach Fiechter und Meier. Online verfügbar unter https://www.thieme.de/statics/dokumente/thieme/final/de/dokumente/tw_pflegepaedagogik/10.3_Der_Pflegeprozess_nach_Fiechter_und_Meier.pdf, zuletzt geprüft am 02.03.2018.

Uniklinik Freiburg (Hg.) (2010): Enterale Ernährung über Sonde bei Erwachsenen. Online verfügbar unter https://www.uniklinik-frei-burg.de/fileadmin/mediapool/07_kliniken/med_innere1/bilder/Sektion_Diaetetik/PDF/Enterale_Ernaehrung_L.pdf, zuletzt geprüft am 02.03.2018.